居无边际

港台新锐设计师样板间巅峰之作 下

理想·宅 编

化学工业出版社

·北京·

参与本套丛书编写的人有：（排名不分先后）

叶 萍	黄 肖	邓毅丰	张 娟	邓丽娜	杨 柳	张 蕾	刘团团	卫白鸽
郭 宇	王广洋	王力宇	梁 越	李小丽	王 军	李子奇	于兆山	蔡志宏
刘彦萍	张志贵	刘 杰	李四磊	孙银青	肖冠军	安 平	马禾午	谢永亮
李 广	李 峰	余素云	周 彦	赵莉娟	潘振伟	王效孟	赵芳节	王 庶

图书在版编目(CIP)数据

居无边际：港台新锐设计师样板间巅峰之作. 下册 /
理想·宅编. – 北京：化学工业出版社，2015.4
ISBN 978–7–122–23341–7

Ⅰ．①居… Ⅱ．①理… Ⅲ．①住宅–室内装饰设计–
图集 Ⅳ．①TU241–64

中国版本图书馆CIP数据核字(2015)第053725号

责任编辑：王斌　邹宁　　　　　　　　　　　装帧设计：骁毅文化

出版发行：化学工业出版社(北京市东城区青年湖南街13号　邮政编码100011)
印　　装：北京瑞禾彩色印刷有限公司
889mm×1194mm　1/16　印张7　字数260千字　2015年5月北京第1版第1次印刷

购书咨询：010-64518888 (传真：010-64519686)　　售后服务：010-64518899
网　　址：http://www.cip.com.cn
凡购买本书，如有缺损质量问题，本社销售中心负责调换。

定　　价：39.80元

目 录

自然乡村风

纯美北欧风

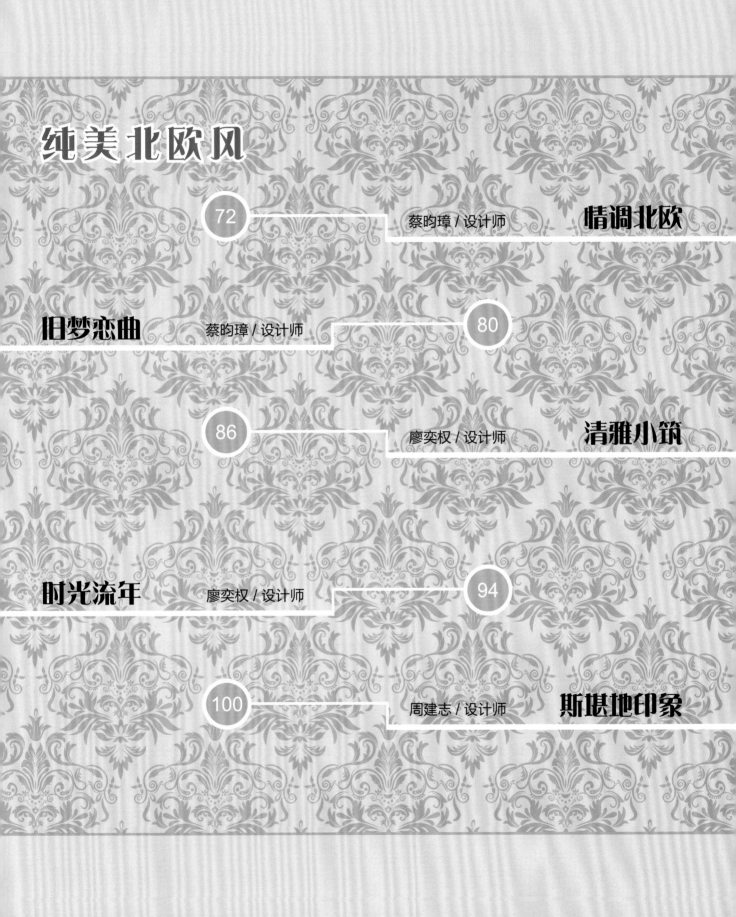

轻奢古典风

设计师：卢国辉

职位：大观设计设计总监

设计理念：一种简单的态度 – 关注并形塑使用者个性的生活空间；多元完整的思考 – 透过细节的缜密处理；创造机能隐藏于空间中的舒适感

擅长风格：中式 / 欧式

雅韵·古典美

坐落地点： 中国台湾 – 桃园市

房屋状况： 毛胚屋（即毛坯房，下同）

案例屋型： 别墅

户型面积： 386 ㎡

房屋格局： 3 房 2 厅

空间格局： 玄关、客厅、餐厅、厨房、卧室、书房、浴室、衣帽间、下午茶区

重要建材： 木皮染色、茶镜、大理石、铁件、绷布、进口壁纸、皮革、订制家具

　　本案以新古典风格设计为主，一楼规划为公共空间，运用简洁线条融合古典元素，并借由特殊颜色漆面与喷白线板，令整体空间显得温馨舒适，为空间淬炼优雅的古典美。二楼划分为卧房层，清楚分界公私领域，保有居住者的宁静与隐私需求，设计延伸公共空间的调性。三楼做为屋主及家人休憩娱乐的起居空间与景观露台，提供全家人能随时放松休憩的独立空间。

客厅

　　简化的欧式家具及壁炉告别了传统欧式风格的繁复，令居室呈现出简练、精致的氛围。

餐厅

镜面起到延伸餐厅景深的作用，装饰木线条令镜面不再单调。

厨房

棕色整体橱柜和棕灰色的壁砖搭配得恰到好处，大理石地砖则为厨房带来了高贵感。

书房

黑色系为主的书房大气、稳重，时尚感灯具和艺术感照片墙为空间带来活力。

下午茶区

下午茶区的空间开阔，既可以作为日常休闲区，也可以成为会客区；角落里的小吧台为空间增加了情调。

主卧

主卧床头结合绷布素材，营造出空间的奢华贵气感。

次卧

灰色令次卧呈现出低调、雅致的氛围，床尾沙发的加入为居室注入休闲气息。

卫浴

卫浴既设有独立的淋浴房，又有大型浴缸，实用功能强大；大理石壁砖与木质吊顶的材料结合，个性十足。

过道

过道通透开阔，符合居室雅致、轻奢的基调。

设计师：苏泂和

职位：境观室内装修设计有限公司设计总监

设计理念：设计没有所谓的定律，以色彩作为空间的渐层思考，以线条呈现格局的立体刻划，所有的元素应用与创意是为生活带来乐趣，为使用者带来便利，蕴含着人文的厚度，勾勒出生活的幸福力量

擅长风格：中式／现代／简约／欧式

轻古典美学

坐落地点：中国台湾 – 台北市

房屋状况：毛胚屋

案例屋型：单层

户型面积：122 ㎡

房屋格局：3 房 2 厅

空间格局：玄关、客厅、餐厅、厨房、卧室、书房、卫浴

重要建材：大理石、进口瓷砖、木地板、线板、喷漆

空间风格回归于轻松、优雅的调性，演绎着居住者平实生活里的真切温度；借由轻古典的优雅，佐配轻快的色彩倾注温馨况味，让动线变得清晰简单。因此本案没有传统古典风格里的繁复、冗赘，也跳脱黑、灰、白彩度下的冰冷对比；将线条、颜色、造型等比重轻量化，借由白色基调烘托出家具软件的质感与特色，并反映时间下的季节与光线的变化。计师强调的轻古典风格，除了轻化既有古典的装饰压力，也将现代利落的氛围质感导入，创立出空间的独特魅力。

客厅

> 客厅大面积的落地窗,运用深色的帘幔平衡厅区稳敛的雅致,主墙运用线条做比例上的框塑修饰,优雅地呼应轻古典风格主题。

电视墙

电视墙仿制壁炉式的古典线条语汇，搭配大理石台面，迭合出低调、纯粹的空间个性。

书房

开放式书房的设立，透过书桌作为与厅区的隐匿界定；后方书柜不以传统柜体或开放层架的单纯表现，而是以对称、墙面式的设计概念规划，利用间接光源的引述设计，规划展示空间。

餐厅 & 厨房

　　餐厅与厨房相连令动线变得清晰简单，大面积白色的运用奠定了空间的优雅调性，餐座椅及灯具的色彩搭配，为居室带来了稳定感。

客卧

　　客卧的床品和家具采用的皆为深色调，米黄色的墙面中和了深色调带来的沉闷。

主卧

主卧通透、明亮，一侧墙面设置了大面积的收纳柜，令空间的氛围干净、整洁，也方便了日常拿取衣物。

卫浴

咖网纹大理石壁砖为卫浴奠定了古典大气的基调，白色洁具起到提升空间亮度的作用。

设计师：赵玲

职位：赵玲室内设计有限公司创办人

设计理念：设计应该是一种生活，以人的需求为出发，建立在安全、合理、舒适的空间，一个好的设计是让人放松、自在、舒适并且有幸福感，这才是设计者存在的价值，也是一种生活的方式

擅长风格：欧式

女性主张

坐落地点： 中国台湾 – 桃园市

房屋状况： 新成屋

案例屋型： 单层

户型面积： 264 ㎡

房屋格局： 5房2厅

空间格局： 玄关、客厅、餐厅、厨房、卧室、浴室、书房、衣帽间、休闲区

重要建材： 大理石、喷漆、线板

　　明快的格调、柔美的色彩、恬静的灯光，这些元素极力彰显出女性独特的时尚品位，以及高雅的生活情趣。在家中多一些女性主张，是令生活品质得以提升的捷径。本案无论是空间造型，还是室内装饰元素都充满着精致、高雅的女性气派。从空间来说，以开放、明亮、通透为主；再结合轻奢、雅致的家具及高贵的灯具，更显出居室的国际品位。

休闲区

"沙发后方半开放式休闲区不仅满足了整体空间的使用机能，也令空间具有通透感。"

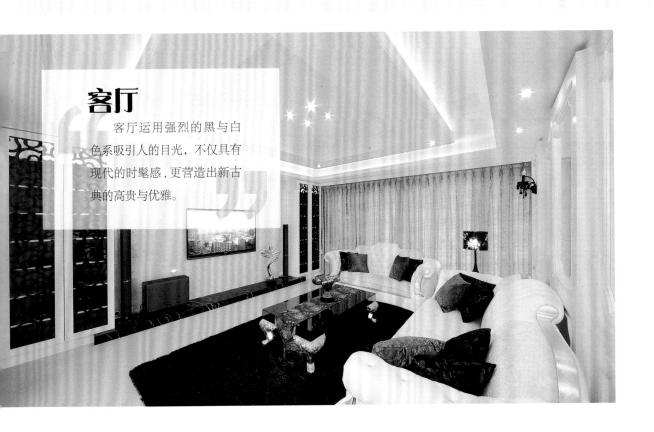

客厅

"客厅运用强烈的黑与白色系吸引人的目光，不仅具有现代的时髦感，更营造出新古典的高贵与优雅。"

餐厅 & 厨房

餐厅与厨房之间运用推拉门作为分隔，有效地避免了油烟外泄，也令空间氛围显得素雅、整洁。

书房

书房面积开阔，且实用功能强大，除了传统功能之外，还可以作为工作间、休闲区及会客厅。

卧室

卧室以典雅的线板打造，表现出新古典风格
的优雅美感。

设计师：虞国纶

职位：台北格伦设计设计师

设计理念：做设计，最快乐的地方就是通过和屋主的碰撞，打造一个有内涵、有灵魂的家

擅长风格：欧式

美式浪漫

坐落地点： 中国台湾 – 台北市

房屋状况： 新成屋

案例屋型： 单层

户型面积： 230 ㎡

房屋格局： 4 房 2 厅

空间格局： 玄关、客厅、餐厅、厨房、休憩区、卧室、卫浴、储藏室

重要建材： 天然石材、钢刷木料、艺术线板、灰镜、法式绷布、文化石、壁纸、海岛型木地板

　　美式浪漫不仅仅是粗犷、稚拙的，也可以成为精致、唯美的空间，只要有足够的创意与想象力，就可以无限极的激发当代空间美学的无限可能，营造出自然纯净的空间氛围。本案以新形态的美式古典为主轴，适度穿插一些流行的、经典的Loft时尚元素，令人仿佛置身纽约上城般的浪漫情怀。此外，设计师特别注重空间的柔和照度、开放感、舒适度与人性化的机能配置，设身处地的各种巧思，令居者倍感贴心又感动。

客厅

以大量优雅白色为基底的客厅场域，流露与众不同的性格张力；沙发背墙使用洋溢 Loft 风味的文化石砖，穿插部分砖块的立体凿痕，并与周边精致唯美的新古典语汇形成鲜明反差。

餐厅

餐厅中可供多人使用的餐桌上方天花板，点缀富丽的巴洛克雕花线条与璀璨水晶灯饰，与特制的双色新古典餐椅相呼应，精致绝伦的工艺细节，让优渥的生活高度表露无遗。

休闲区

餐厅的一侧设计了一处休闲小空间，净白的文化墙与华丽的镜面营造出纯净又华贵的视觉感官。

主卧室

雅致宜人的主卧室，为现代美式做了全新批注，以丝质绷布加晶钻拉扣技法呈现的床头造型墙，流露兼具细腻与华美的新古典风情。

男孩房

男孩房以浅灰色系文化石诠释床头主墙面，墙上点缀雕刻线板，增添轻华丽的迷人质感，床侧大衣柜则以木箱概念塑造，彰显摩登的阳刚内涵。

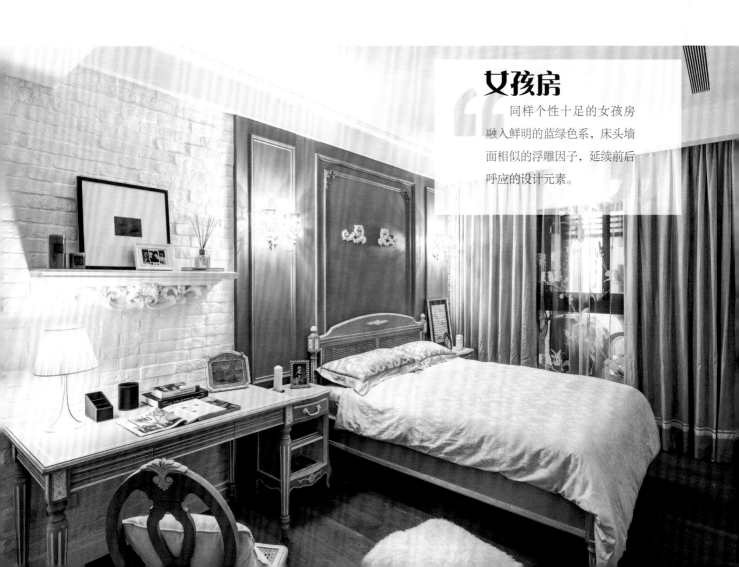

女孩房

同样个性十足的女孩房融入鲜明的蓝绿色系，床头墙面相似的浮雕因子，延续前后呼应的设计元素。

设计师：虞国纶
职位：台北格伦设计设计师
设计理念：做设计，最快乐的地方就是通过和屋主的碰撞，打造一个有内涵、有灵魂的家
擅长风格：欧式

流动的时光

坐落地点： 中国台湾 – 台北市

房屋状况： 新成屋

案例屋型： 复式

户型面积： 320 ㎡

房屋格局： 4 房 2 厅

空间格局： 玄关、客厅、餐厅、厨房、卧室、卫浴、书房、休息室

重要建材： 实木地板、石材拼花、黑镜、雪花白大理石、烤漆玻璃

　　本案空间在简明与自由的向度里发展，透过线、面、体块，家具、装饰及材料，结合建筑环境，在阳光与清风和谐的对话里，所有的节点形构出空间里的活动表情，延伸发展出应当具备的人文精神与生活文法。此外，空间还跳脱风格传统的客观印象，融合材料虚实特性，主导空间流动意象，响应与自然环境的交集、与自然光线的消长、与自然时序的变迁，以开阔大气的设计表现空间的真实性、生活性、价值性。

客厅

穿越开窗接口迤洒入内的阳光，给予客厅开放尺度里唯美而高贵的背景表情，雅中见质，独具优雅，与潮流中的时尚有所不同，反映居住者高雅而悠然的生活态度。

餐厅

餐厅借由材料镜射、穿透的特性，引述线面向度之间的生动表情，促成与空间之间真正的对话，完全衍生轻松自由的线面虚实关系。

卫浴

卫浴通透、明亮，镜面和玻璃的运用起到扩大空间的作用。

卧室

人字形屋顶在造型上为居室带来创意，个性的卧室背景墙软包令空间的潮味儿十足。

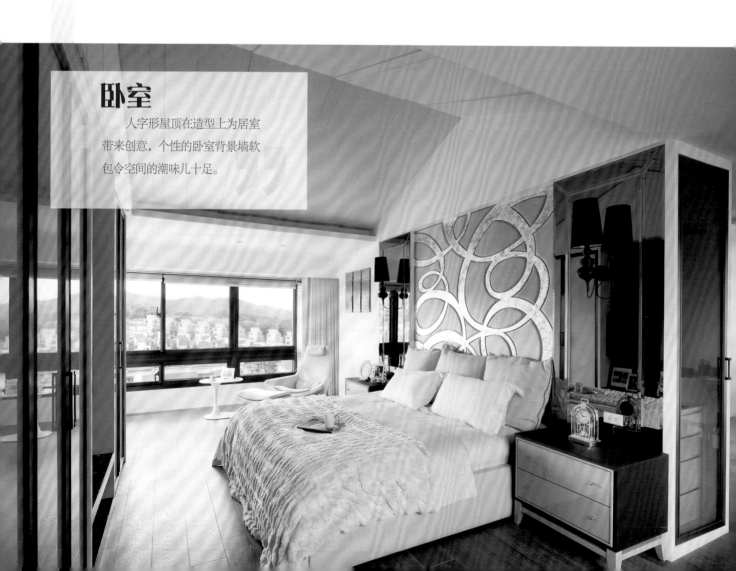

休息室

休息室的色彩相对于其他空间靓丽许多，橘色的沙发和黄色及紫色抱枕，无不令居室氛围暖意洋洋。

过道

过道的石材拼花为狭长的空间带来了视觉上的变化，尽头的装饰画无论色彩还是内容都给人眼前一亮的感觉。

自然乡村风

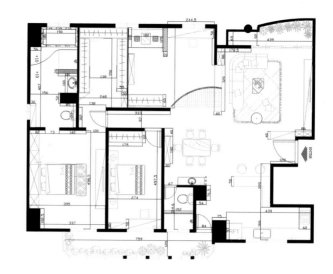

设计师：丁荷芬、冯慧心

职位：采荷设计设计总监（台北）；采荷设计主持设计师（台北）

设计理念：将各国多元的文化，融合本地人文和气候，让空间看似国外居家，却结合了本地的生活

擅长风格：欧式 / 田园

普罗旺斯之恋

坐落地点： 中国台湾 – 台北市

房屋状况： 中古屋（即二手房，下同）

案例屋型： 单层

户型面积： 198 ㎡

房屋格局： 3 房 2 厅

空间格局： 玄关、客厅、餐厅、厨房、卧室、卫浴、书房

重要建材： 西班牙复古砖、意大利花砖、玻璃马赛克、进口天然岩石、进口壁纸、实木

本案以丰富又浪漫的色彩营造出法式的乡村风格，粗犷的天然石材和厚实的实木柜体搭配时尚的马卡龙色彩，满足屋主对居家风格的期待。重新规划的大面落地窗和穿透感的玻璃隔间，解决原本老屋采光不足的问题，让自然的光源洒进家里的每一个角落，隐藏在隔间墙的柜体使居家生活有足够的收纳空间，又能融合空间设计的美感。

客厅

客厅中紫色调的沙发和窗帘散发女性的柔美气质，窑烧玻璃的铁件大吊灯，完全展现个性化与柔美。

餐厅

> 餐厅中黑色的水晶吊灯搭配意大利花砖的餐桌和餐椅，使空间看起来十分时尚；绿色手染的实木餐柜搭配LED灯，使屋主的收藏品更亮眼。

厨房

以鲜明的色彩作为整个设计案的主轴，搭配各式的进口砖和实木染色柜体，将浓郁的乡村设计展现在空间中。

卫浴

现代感的玻璃马赛克和琉璃，细腻的浴池设计，阳光、山和海围绕在这个浴室空间中，在繁忙的现代生活中，实属惬意。

卧室

卧室全室使用水蜜桃色和紫色，符合女主人的柔和特质，床头柜体的设计化解空间中梁结构的压迫感。

书房

> 卧榻式单人床的尺寸，可当客房使用，平时也可以在这个开放式的书房空间，慵懒地休憩看书。

设计师：黄建华、黄建伟、戴小芹

职位：黄巢设计工务店创办人（黄建华、黄建伟）、黄巢设计工务店主要设计师（戴小芹）

设计理念：设计上讲求细节，工程上坚持精工精神，注重科学风水"阳光"、"空气"、"水"生命三元素，并力求建材安全健康，以人本为出发点做设计，重视使用者需求，以期达到美学与实用并存

擅长风格：古典 / 乡村 / 禅风 / 日式 / 现代 / 简约

哈修塔特山城

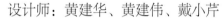

坐落地点： 中国台湾 – 新北市

房屋状况： 中古屋

案例屋型： 单层

户型面积： 100 ㎡

房屋格局： 2 房 1 厅

空间格局： 玄关、客厅、餐厅、厨房、卧室、卫浴

重要建材： 松木实木、红砖文化石、复古地砖、花砖、板岩、环保外墙漆、环保木器漆、锻造铁件、乡村风五金配件、水纹玻璃、镶嵌玻璃

　　被列为世界文化遗产的奥地利小镇哈修塔特，以最古老的岩盐矿坑和秀丽的景色闻名于世，走在这里，就像走入一幅风景明信片中。由于本案业主对哈修塔特小镇情有独钟，想要在家中呈现出小镇的风貌。因此设计师将松木实木、红砖文化石、复古地砖、花砖、板岩等材料在居室中广泛运用，奠定了居室的乡村基调；另外设计师告别了横平竖直的空间设计，将居室设计得迂回婉转。置身其中，仿佛真的到了哈修塔特一般。

玄关

以原木打造的大门坎上镶
嵌玻璃以及精致的复古古铜门
把，搭配着玄关文化石墙面，
展现出古堡历史况味。

客厅

客厅中怀旧的音响设备搭配着原木家具，复
古地砖和原木壁板，充分展现出乡村的氛围。

设计师：黄建华、黄建伟、戴小芹

职位：黄巢设计工务店创办人（黄建华、黄建伟）、黄巢设计工务店主要设计师（戴小芹）

设计理念：设计上讲求细节，工程上坚持精工精神，注重科学风水"阳光"、"空气"、"水"生命三元素，并力求建材安全健康，以人本为出发点做设计，重视使用者需求，以期达到美学与实用并存

擅长风格：古典／乡村／禅风／日式／现代／简约

乡村野趣

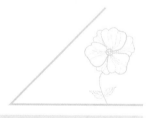

坐落地点：中国台湾－桃园市

房屋状况：中古屋

案例屋型：跃层

户型面积：100 ㎡

房屋格局：5 房 2 厅

空间格局：玄关、客厅、餐厅、厨房、卧室、书房、卫浴、衣帽间

重要建材：松木实木、红砖文化石、复古地砖、花砖、锻铁、乡村风五金配件、水纹玻璃

　　这是一个跃层的旧屋翻修案例，设计师采取格局重置的作法，把私人空间（主卧室、主卫浴、衣帽间、小孩房）设定在楼上，公共空间（客厅、餐厅、厨房、书房、公共卫浴）设定在楼下，如此一来可区分出私人及公共的空间。所有格局管线天地壁重新敲除新建，风格上的设定为乡村风，材料使用了松木实木、复古地砖、红砖文化石等充满乡村感的建材，配色上也大胆使用较鲜艳的颜色，让这个居家空间充满温暖的感觉。

客厅

客厅窗户的位置设计了窗台卧榻，除了可作为收纳柜使用外，客人太多时也可当作椅子使用，兼顾了美感与实用。

电视墙

电视主墙采用弧墙设计，墙面上批上斑驳感的批土漆，与复古地砖及红砖连成一气，强调出复古的感觉，侧面的柜子可放置CD及小摆饰物。

餐厅

　　餐厅连接着厨房吧台，让这个小空间也能有多功能的使用方式；楼梯下放着钢琴，充分利用了空间。

主卧

卧室背景墙没有做过多的装饰与造型，而是打造了整个墙面的收纳柜，十分实用。

女儿房

女儿房墙面使用浪漫色系的粉红色，墙面上挂着小主人喜爱的装饰物，满足童年的幻想。

书房

> 与客厅空间连接的书房，设计了大量的书柜及展示柜，在书桌的墙面上挂着女主人手工做的拼布，与空间主题互相呼应。

卫浴

> 洗漱区与沐浴区做了干湿分离，并用色彩来形成鲜明对比，沐浴区的色彩清冷，洗漱区的色彩温暖，对比色彩带来视觉上的冲击力。

楼梯

　　在楼梯的设计上采用松木当作踏面并刷上环保木器漆，白色批土造型墙当作扶手及小饰品摆饰区。

过道

　　在走道漆上黄色及粉橘色的漆，让空间温暖的感觉得以延续，女主人手作的拼布，增添了些许乡村风味。

设计师：黄建华、黄建伟、戴小芹

职位：黄巢设计工务店创办人（黄建华、黄建伟）、黄巢设计工务店主要设计师（戴小芹）

设计理念：设计上讲求细节，工程上坚持精工精神，注重科学风水"阳光"、"空气"、"水"生命三元素，并力求建材安全健康，以人本为出发点做设计，重视使用者需求，以期达到美学与实用并存

擅长风格：古典／乡村／禅风／日式／现代／简约

休憩田园

坐落地点： 中国台湾－桃园市

房屋状况： 中古屋

案例屋型： 别墅

户型面积： 200 ㎡

房屋格局： 6房2厅

空间格局： 玄关、客厅、餐厅、厨房、储物间、书房、卧室、神明厅、卫浴

重要建材： 松木、南洋桧、复古砖、锻造铁件、文化石、人造石、超耐磨地板、环保漆、特殊漆

这是一个重叠别墅的旧屋翻新案，屋龄超过20年，原屋屋况老旧，且有漏水、壁癌、空间不足等问题，因此设计者要把原来的格局全部敲除重建，并把原本挑空的地方增为卧室空间的一部分及新的卫浴空间，作成适合多人口居住的乡村风格住宅。舒适的居住环境，搭配这个乡村风的设计，自然的光线照射进室内，满是田园休憩的感觉。

客厅

客厅做以木梁做出天花板，搭配上碎花布沙发、橱柜及拼花布，展现出欧洲小镇风情。绿意从百叶窗透入室内，就像是融入了整个空间中。

书房

在沙发背后区域规划出书房，并做了收纳柜以符合主人的布偶搜集需求，另外设置了卧榻，让空间使用更多元。

餐厅

优雅的法式餐椅搭配着实木餐桌，天花板辅以杉木营造出童话小屋的味道；同时在餐厅区设置了洗手间和大容量的收纳空间，大大提升了空间便利性。

厨房

复古地砖搭配杉木实木刷上环保漆的厨具与中岛吧台，阳光倚窗洒落，整个厨房充满南法普罗旺斯的风情。

主卧

主卧室墙面以花纹壁纸作为主体，搭配花卉造型的主灯壁灯及台灯，碎花布沙发静静躺在窗边，开启的窗帘就像是为空间揭开了序曲。

卫浴

浴室壁面采用了花纹壁砖增加自然趣味性，干湿分离的设计方便日常生活。

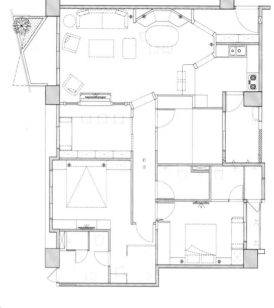

设计师：黄建华、黄建伟、戴小芹

职位：黄巢设计工务店创办人（黄建华、黄建伟）、黄巢设计工务店主要设计师（戴小芹）

设计理念：设计上讲求细节，工程上坚持精工精神，注重科学风水"阳光"、"空气"、"水"生命三元素，并力求建材安全健康，以人本为出发点做设计，重视使用者需求，以期达到美学与实用并存

擅长风格：古典 / 乡村 / 禅风 / 日式 / 现代 / 简约

乡间小屋

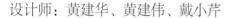

坐落地点： 中国台湾 – 竹北市

房屋状况： 中古屋

案例屋型： 单层

户型面积： 100 ㎡

房屋格局： 4 房 2 厅

空间格局： 玄关、客厅、餐厅、厨房、卧室、卫浴、书房、衣帽间

重要建材： 实木地板、文化砖、仿古砖、乳胶漆

　　浮躁的初夏午后，耀眼的阳光穿过树梢，绿叶闪烁，酷暑的脚步随着微风渐渐逼近，在这样的节气，不妨打造一个乡村之家，在此体验来自于自然的沁润与清凉。本案在设计中使用木纹超耐磨地板来做为主要地板用材，这样一来既可保有乡村风格，又可增加耐用度。此外，光线也是本案设计中很重要的一环，这间房子的采光优良，因此设计者运用这个优点，让每个主要空间都能感受到和煦的阳光照射，就像是南法的普罗旺斯乡间小屋，温馨又舒适。

客厅

客厅地面铺设木纹超耐磨地板，除了保持风格，还可以增加耐用度；碎花布沙发搭配上浅绿色的主人椅，与电视墙壁面和沙发背墙相互呼应，提升空间和谐度。

玄关

玄关采用复古地砖铺设而成，搭配上乡村风格的鞋柜及穿鞋椅，功能性十足。

书房

屋主喜欢阅读，大量的藏书可完整地收藏在书架上，不常用的物品也可以收放在柜子里；窗边的卧榻则提供了休憩的享受。

餐厅

餐厅中的文化石红砖墙搭配条纹布靠垫，令空间别有一番风味。

主卧室

主卧室床头以绷布制成，内藏收纳空间，两边的床头柜令收纳的机能更加完善。

女儿房

女儿房以活泼的淡绿色为主，搭配白色的衣柜及床头柜，充满青春洋溢的感觉。

纯美北欧风

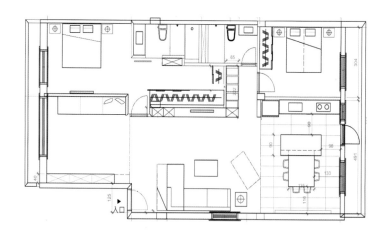

设计师：蔡昀璋

职位：耀昀创意设计有限公司创始人

设计理念：给予客户最舒适的环境，以细腻的建筑思考模式来设计室内空间；整合收纳跟动线，让整体空间看起来更宽敞

擅长风格：简约／北欧

情调北欧

坐落地点： 中国台湾 - 台北市

房屋状况： 中古屋

案例屋型： 单层

户型面积： 138 ㎡

房屋格局： 3 房 2 厅

空间格局： 玄关、客厅、餐厅、厨房、卧室、卫浴、书房、衣帽间、休闲区

重要建材： 系统柜、无毒乳胶漆、LED 灯具、茶玻、南方松、进口瓷砖

　　北欧风格设计貌似不经意，一切却又浑然天成。每个空间都有一个视觉中心，而这个中心的主导者就是色彩。北欧风格色彩搭配之所以令人印象深刻，是因为它总能获得令人视觉舒服的效果。比如本案运用了大量的暖木色系来打造，营造出温馨、慵懒的北欧情怀。此外，居室后期的装饰非常注重个人品位和个性化格调，虽然饰品不多，但都很精致，这样的装饰手法，充分体现了北欧风格的精髓。

玄关

> 玄关设计简洁，没有繁复的用笔，大面积的
> 木色运用为居室奠定了温暖的基调。

客厅

客厅无论是色彩还是材质都体现出北欧风格的纯粹
与自然。

餐厅 & 厨房

"

餐厅与厨房相连，合理地利用了空间，也令动线变得简洁明了。此外，色彩与材质上的和谐统一，将北欧风格的温暖质感展露无余。

"

主卧

"

主卧空间以简约、舒适的设计手法搭配出极具品位的最佳舒眠空间。

"

主卫

> 洗手台下面的收纳柜使一些卫浴用品得到有效的收纳，防止潮湿环境为这些用品带来的使用不便。

次卧

> 大面积的白色墙面与木地板恰到好处地展现了北欧风格的简单与温暖。

衣帽间

衣帽间紧邻卧室与卫浴，方便了居者平日的生活，格子柜体的设计又十分方便拿取。

休闲区

"休闲区宽敞、明亮，无论是在此休闲小憩，还是阅读冥想，都是令人身心放松的好境地。"

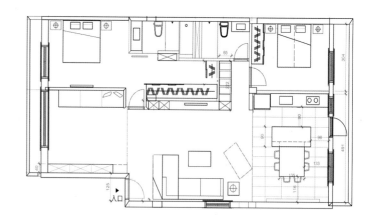

设计师：蔡昀璋

职位：耀昀创意设计有限公司创始人

设计理念：给予客户最舒适的环境，以细腻的建筑思考
模式来设计室内空间；整合收纳与动线，让整体空间看
起来更宽敞

擅长风格：简约／北欧

旧梦恋曲

坐落地点： 中国台湾 – 台北市

房屋状况： 中古屋

案例屋型： 单层

户型面积： 102 ㎡

房屋格局： 2 房 2 厅

空间格局： 玄关、客厅、餐厅、厨房、卧室、卫浴、休闲区、
衣帽间

重要建材： 实木地板、文化砖、硅藻泥、乳胶漆、壁砖

If you can dream it
you can do it.

本案为一栋老屋，原屋屋况有漏水、壁癌、采光不佳等问题，设计师利用了不折不扣的空间规划，刚柔并济的材料搭配，简洁流畅的设计手法，纯色与木色的相融相成，将这些问题一一改善，把老屋改造成了明亮的北欧风家居环境，令静谧的居室无处不表达出一种对精致生活的极致追求，仿若一曲旧年中的恋曲，隐隐浮动着温柔。

餐厅 & 厨房

餐厅与厨房相连，方便上餐；木色与白色的搭配使用，令空间看起来自然而干净。

主卧

　　使用浅色系家具、墙面与地板装饰，这种单一色系的运用可降低因空间不足而造成的压迫感。

卫浴

　　淋浴式沐浴间非常节省空间，洗漱区、沐浴区、如厕区呈三角形的设计也有效地规划了使用空间。

衣帽间

衣帽间的分类明晰，衣物等物品各安其所，非常方便主人的拿取。

过道

过道墙面的木框装饰画丰富了空间的表情。

设计师：廖奕权
职位：维斯林室内建筑设计有限公司创意及执行总监
设计理念：建筑及室内空间不单是一个居家生活的地方，更是一个给人们洗涤心灵及触感互相共鸣的空间
擅长风格：简约 / 北欧

清雅小筑

坐落地点： 中国香港－港岛西半山区
房屋状况： 新成屋
案例屋型： 单层
户型面积： 200 ㎡
房屋格局： 4 房 2 厅
空间格局： 玄关、客厅、餐厅、厨房、卧室、卫浴、书房
重要建材： 实木地板、黑镜、壁纸、乳胶漆、马赛克瓷砖

　　本案以简约与自然的设计美学为主题，选用了清新的白色为主调，因为白色有着一种特别宁静的感觉，没有忽起忽落的情绪冲突，一切如水般平静，却又润泽柔顺；并在室内配置胡桃木作点缀，为空间注入生气；同时透过引入光线、扩阔空间等设计元素，令空间富有独特的清新气色，成功营造出一个自然却又不失雅致的生活环境。这样的空间，不以绚丽夺人眼目，也不招摇过市引人关注，却也令人心生喜爱。

玄关

玄关处的照片墙为居室带来丰富的视觉效果，矮柜的设计既有收纳功能，又可以成为平时换鞋的临时座椅。

客厅

空间的色彩十分干净，大落地窗又将光线很好地引入室内，整个居室流露出一种令人沉迷的安然。

沙发背景墙

与宽阔沙发互相呼应的是位于客厅后方纵横交错的储物装置。装置上闪亮的黑色趟门，与柔软的沙发形成有趣又悦目的对比。

电视背景墙

电视背景墙的造型简洁，却很有格调，这来源于和谐的色彩搭配以及优雅兰花的装点。

客厅 & 餐厅

开放式的客餐厅令空间
更加开阔，长方形的木质餐
桌非常大气实用。

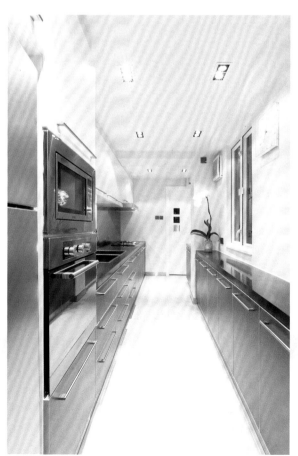

厨房

"一"字形的厨房令空间动线十分顺
畅，方便主妇的日常工作。

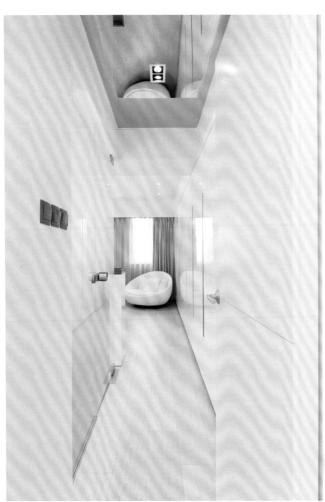

主卧

"在卧室的一角摆放上一个舒适的单人沙发,既可以作为会客的场所,也可以作为平时休闲小坐的地方。"

主卫

红色系为居室带来了活跃的氛围，造型镜面令空间的表情更为丰富。

过道

整体以白色为主调的过道中，用自然感十足的木地板作为点缀，令这一小空间拥有丰富的层次感且不显杂乱。

设计师：廖奕权

职位：维斯林室内建筑设计有限公司创意及执行总监

设计理念：建筑及室内空间不单是一个居家生活的地方，
更是一个给人们洗涤心灵及触感互相共鸣的空间

擅长风格：简约／北欧

时光流年

坐落地点： 中国香港－香港岛

房屋状况： 新成屋

案例屋型： 单层

户型面积： 133 ㎡

房屋格局： 2 房 1 厅

空间格局： 玄关、客厅、餐厅、厨房、卧室、卫浴

重要建材： 胡桃木地板、玻璃、乳胶漆、大理石壁砖

追求简约的北欧风格以保留开阔的视野和创造宽阔的感觉，是这个设计主题的重点所在。因此本案摒弃了色彩艳丽的纷杂，只留下通透、明净的空间，任阳光倾洒。在扩大视觉空间的同时，又营造出简单不失典雅、纯朴不失时尚的格调。整体设计简单直白，毫不造作，却能让人在此静数一段流年里的安静时光。

客厅

大面积的落地窗给客厅带来了通透、明亮的环境；客厅与餐厅不做区分的设计，使空间使用起来更加方便、随意。

餐厅

原木餐桌不仅为餐厅注入了自然之美，也为纯白的背景增添了健康的色彩。

厨房

原木的自然气息以及能最大限度获得自然光照的大推拉窗，让厨房成为家的灵魂所在。

卧室

卧室在充足的日光下，以原木和大理石点缀的白色背景进一步强化设计中的空间和光线元素。

卫浴

坚硬的大理石和悬于天花板上的镶嵌在不锈钢边框里的镜子，已然让这里成为整个公寓中最奢华的角落。

过道

过道中采用艺术化的墙面设计，不仅丰富了居室的表情，也体现出居者的雅致品位。

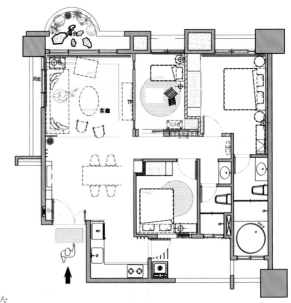

设计师：周建志

职位：春雨时尚空间设计设计总监

设计理念：全方位设想关于"住"的种种进阶，不仅专
注视觉的美丽、感官享受的优渥，更全力捍卫一种自省、
惜物爱物的正向态度，引领人们尽情悠游于生活本质的
真、善、美

擅长风格：简约 / 北欧

斯堪地印象

坐落地点： 中国台湾 – 高雄市

房屋状况： 新成屋

案例屋型： 单层

户型面积： 80 ㎡

房屋格局： 3 房 2 厅

空间格局： 玄关、客厅、餐厅、厨房、卧室、卫浴、书房

重要建材： 天然木皮、文化石、环保漆、铁件、优质系统柜、
超耐磨宽版地板

　　本案是一个面积不大的小户型，却通过微调格局、重作空间分配，并成功运用退缩或减去部分房间隔墙的技巧，巧妙放大了居室的使用范围，同时发挥想象力在转角畸零、走廊沿线等处，打造数座别致、实用又不占空间的收纳柜，量身订制的独家创意令人叹为观止。特别是空间中散发着北欧自由且迷人的气氛，更让人有种宛如亲临斯堪的纳维亚半岛的心旷神怡。

客厅

客厅自两面落地开窗引入光与景，临窗的天花板边界涵盖窗帘盒机能，保留视觉向上延展的可能。

餐厅

利用餐厅背景墙"挖掘"出一个收纳柜,不仅充分地利用了家中的隐性空间,而且可以帮助完成锅碗盆盏等物品的收纳。

主卧

床头墙面延续文化石质感,腰线以下融入木头格栅,点出自然温度,与床尾特制的大型木制衣柜相呼应,也为日常拿取衣物提供了方便。

次卧

清爽的次卧室以白色为视觉基调,给人一种明净、通透的感觉;床尾的柜体刻意不做满,保留视线向上延展的弹性,设身处地的贴心设想,让生活的惬意感从此源源不断。

书房

书房中加大的入口处搭配厚实的木头拉门与刻意退缩以加厚结构力道的圆拱造型,巧妙打开廊道面宽并有效缩减距离感,令小空间里洋溢着美轮美奂的轻柔旋律。

过道

> 过道延续室内装饰风格，白色文化砖和橄榄绿墙面带给人视觉上的纯净感；并利用过道墙面打造出一处隐性装饰空间，用来摆放书籍和工艺品，既美观又实用。